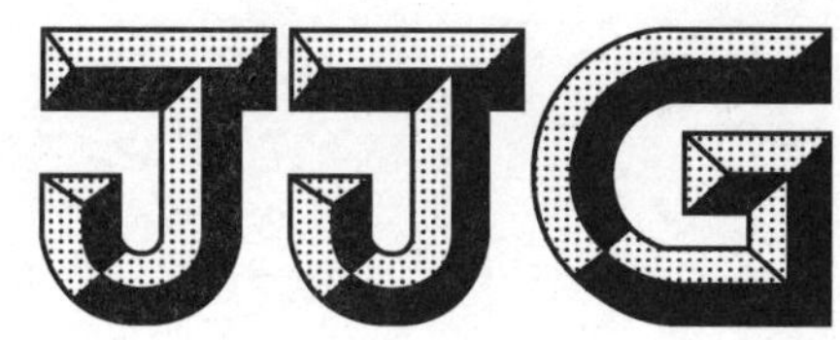

中华人民共和国测绘地理信息计量检定规程

JJG(测绘) 2301—2013

全球导航卫星系统(GNSS)测量型接收机 RTK

GNSS Receivers in Real Time Kinematic(RTK)

2013-08-05 发布　　　　2013-10-01 实施

国家测绘地理信息局　发布

全球导航卫星系统（GNSS）测量型接收机 RTK 检定规程

JJG（测绘）2301—2013
代替 CH/T 8018—2009

Verification Regulation of GNSS Receivers in Real Time Kinematic（RTK）

归 口 单 位：国家测绘地理信息局

起 草 单 位：国家光电测距仪检测中心

本规程委托国家测绘地理信息局测绘标准化工作委员会负责解释

本规程起草人：

翟清斌（国家光电测距仪检测中心）

张　锐（国家光电测距仪检测中心）

方爱平（国家光电测距仪检测中心）

赵　猛（国家光电测距仪检测中心）

目　　录

引　言

本规程是根据我国对全球导航卫星系统（GNSS）测量型接收机 RTK 的检定需要，结合国内外 GNSS 测量型接收机 RTK 目前的实际情况编写制定。

本规程按 JJF 1002—2010《国家计量检定规程编写规则》，对 CH/T 8018—2009《全球导航卫星系统（GNSS）测量型接收机 RTK 检定规程》进行了编辑性修改和内容完善，主要增加了引言和概述（见第 4 章）部分内容。

全球导航卫星系统（GNSS）
测量型接收机 RTK 检定规程

1 范围

本规程适用于全球导航卫星系统（global navigation satellite system，GNSS）测量型接收机实时动态（real time kinematic，RTK）测量的首次检定、后续检定和使用中检查。

2 引用文件

本规程引用下列文件：

GB/T 16611 数传电台通用规范

凡是注日期的引用文件，仅注日期的版本适用于本规程；凡是不注日期的引用文件，其最新版本（包括所有的修改单）适用于本规程。

3 术语和计量单位

以下术语和计量单位适用于本规程。

3.1 数据链 data link

指传输数据的通信设备，在 GNSS RTK 测量中，用于将数据从参考站实时传送给流动站。

3.2 初始化 initialization

流动站利用动态或静态观测数据搜索并完成初始整周未知数解算的过程。

4 概述

RTK 是 GNSS 测量型接收机实时载波相位测量模式，RTK 测量需要有参考站 GNSS 接收机和数据链的支持，流动站 GNSS 接收机通过数据链获得参考站 GNSS 接收机的载波相位数据，在本机实时完成数据解算，得到厘米级的坐标测量结果，RTK 测量广泛应用于地籍测量、地形测量、工程测量和道路测量等工作中。

5 计量性能要求

GNSS 测量型接收机 RTK 的计量性能要求见表 1。

表 1　计量性能要求

序号	检定项目	计量性能要求
1	RTK 测量精度	$\leqslant\sigma$
2	RTK 测量重复性	$\leqslant\sigma$
3	RTK 初始化时间	$\leqslant$3 min
4	RTK 初始化最大距离	满足标称指标

注：

$$\sigma=\sqrt{a^2+(b\times d)^2}$$

式中：

σ——仪器标称精度，mm；

a——仪器标称固定误差，mm；

b——仪器标称比例误差，mm/km；

d——基线长度，km。

6　通用技术要求

6.1　外观

6.1.1　接收机、天线、数据链设备及手簿均应保持外观良好，应无碰伤、划痕、脱漆和腐蚀，部件接合处不应有缝隙，密封性应良好，紧固部分不应有松动现象。

6.1.2　接收机主机、天线、数据链及手簿控制器均应标有仪器型号及编号，天线型号应与主机相匹配。

6.1.3　数据链类型和接口应与接收机匹配，参考站与流动站数据链设备应匹配。

6.1.4　手簿控制器接口应与接收机接口匹配。

6.1.5　各种配件应齐全。

6.1.6　使用中和修理后的仪器，允许有不影响计量性能的外观缺陷。

6.2　接收机及附件

6.2.1　接收机自检功能应正常。

6.2.2　各部分（包括主机、数据链和手簿控制器等）电源指示灯指示应正常。

6.2.3　接收机接收卫星状态应正常。

6.2.4　参考站数据链发射状态与流动站数据链接收状态及指示均应正常。

6.2.5　手簿控制器自检及相关软件应启动正常，并能正确显示接收机及数据链状态。手簿控制器软件能根据要求设置参考站与流动站的各项参数：参考站参数包括参考站坐标、数据链类型、数据传输间隔、发射频率、天线高度、全球导航卫星系统、可用卫星、输出数据格式类型等；流动站参数包括数据链类型、接收频率或通道、观测质量控制等。RTK 手簿软件应具有测量项目的管理、RTK 数据采集、存储和传输、点位放样等功能。

6.2.6 数传电台应满足 GB/T 16611 的要求。传输频率应符合国家无线电管理委员会的要求，应具有多个数据传输频点且频点可调，调制参数应与接收机相应接口的通信参数一致，最高波特率不应低于 9 600 波特。数据传输延迟时间应小于 1 s，具备电源反接保护等功能。

6.2.7 RTK 测量附件中光学对点器在 1.5 m 高处对点误差应小于 1 mm；流动杆气泡在 1.5 m 高处对点误差应小于 1.5 mm。

7 计量器具控制

7.1 检定条件

7.1.1 检定应在光线条件良好的情况下进行。

7.1.2 通电检视及野外检定应确保电源电压满足接收机及数据链设备正常工作的要求。

7.1.3 RTK 检定应采用实际卫星信号。

7.1.4 检定应在仪器标称的工作环境条件下进行。

7.1.5 至少应接收 5 颗高度角大于 15°的单星座导航定位卫星，且卫星分布情况良好，位置精度衰减因子（PDOP）值应小于 6。

7.1.6 接收机附近应无信号遮挡、无震动源、无强电磁干扰。

7.1.7 检定场应至少由 6 个点构成，基线间长度以 2～5 km 为宜，基线精度应优于 1 mm/km。每个点均应有各卫星导航系统坐标系（CGCS2000、WGS-84、PZ-90）的坐标，其中，作为参考站的点，其绝对地心坐标精度应优于 1 m。检定场各点的相互位置可以在同一直线上（见图 1），也可以组成网状（见图 2）。

7.1.8 仪器架设的对中误差应小于 1 mm，应在三个方向上量取天线高，其较差不超过 3 mm，取平均值作为天线高。

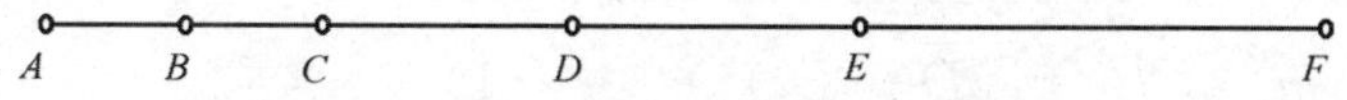

图 1 检定场各点位于一条直线上

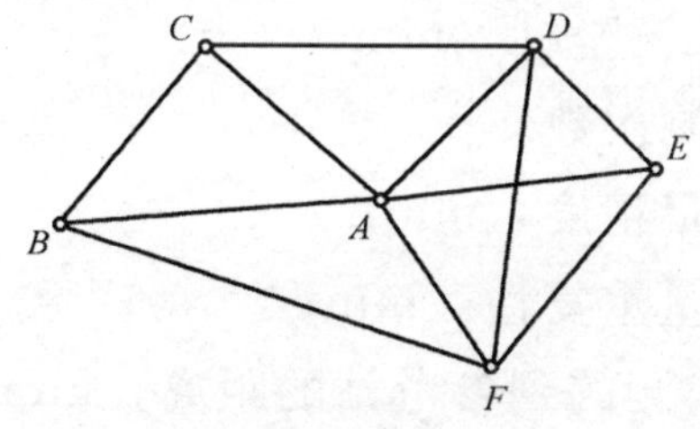

图 2 检定场各点组成网状

7.2 检定项目

检定项目和主要检定器具见表 2。

表 2　检定项目

序号	检定项目	主要检定器具	检定类别		
			首次检定	后续检定	使用中检查
1	外观	-	+	+	+
2	接收机及附件	-	+	+	+
3	RTK 测量精度	GNSS 接收机检定场	+	+	−
4	RTK 测量重复性	GNSS 接收机检定场	+	+	+
5	RTK 初始化时间	GNSS 接收机检定场	+	−	−
6	RTK 初始化最大距离	-	+	−	−
注：检定类别中，“+”为必检项目，“−”为可选项目。					

7.3　检定方法

7.3.1　外观、接收机及附件检定

按 6.1、6.2 的规定进行目视与操作检定。

7.3.2　RTK 测量精度

架设好参考站并设置参考站各项参数（包括参考站坐标、天线高、参考站电台频率、数据传输通道等），启动参考站使其正常工作；连接并设置流动站，待初始化成功后，进行测量并采集检定数据。按公式（1）计算 RTK 测量精度 m_s。RTK 测量精度的检定记录及计算示例参见表 A.1。

$$\left.\begin{aligned} D_i &= \sqrt{(X_0 - X_i)^2 + (Y_0 - Y_i)^2 + (Z_0 - Z_i)^2} \\ m_s &= \sqrt{\left(\sum_{i=1}^{n}(D_0 - D_i)^2\right)/n} \\ m_r &= \sqrt{\left(\sum_{i=1}^{n}(\overline{D} - D_i)^2\right)/(n-1)} \end{aligned}\right\} \tag{1}$$

式中：

X_0、Y_0、Z_0——参考站已知坐标，mm；

X_i、Y_i、Z_i——流动站实测坐标，mm；

n——RTK 观测次数；

m_s——RTK 测量精度，mm；

m_r——RTK 测量重复性，mm；

D_i——流动站实测的到参考站的距离，mm；

D_0——观测点到参考站的已知距离，mm；

$\overline{D}$——n 个 D_i 的平均值，mm。

7.3.3　RTK 测量重复性

按 7.3.2 给出的检定方法进行检定数据的采集，按公式（1）计算 RTK 测量重复

性 m_r。RTK 测量重复性的检定记录及计算示例参见表 A.1。

7.3.4 RTK 初始化时间

将参考站置于已知点上并设置好各个参数，启动参考站并正常工作。流动站分别选择（通过选择时间窗口或者选择可用卫星来实现）几何精度衰减因子（GDOP）在 3.0＜GDOP＜4.0、2.0＜GDOP＜3.0、1.0＜GDOP＜2.0 的条件下进行初始化时间检定，并分别记录三种条件下初始化成功的时间，取初始化时间最大值作为检定结果。

7.3.5 RTK 初始化最大距离

将接收机的参考站架设在理想的位置，流动站在不同测程的已知点上进行测试，当实际测试流动站能收到参考站信号并完成 RTK 定位时，取距参考站的最大距离作为检定结果。

7.4 检定结果处理

经检定符合本规程要求的 GNSS 测量型接收机 RTK 发给检定证书；不符合本规程要求的发给检定结果通知书，并注明不合格项目。检定证书和检定结果通知书的内页格式参见附录 B。

7.5 检定周期

GNSS 测量型接收机 RTK 的检定周期一般不超过 1 年。

附录 A

RTK 测量精度和 RTK 测量重复性检定记录和计算

表 A. 1 给出了 RTK 测量精度和 RTK 测量重复性检定记录和计算示例。

表 A. 1 RTK 测量精度和 RTK 测量重复性检定记录和计算

检测编号________ 日期________ 观测________ 计算________

流动站接收机：型号________编号________ 天线型号________ 天线编号________

参考站接收机：型号________编号________ 天线型号________ 天线编号________

流动站编号	参考站编号	X_i/m	Y_i/m	Z_i/m	D_i/m	(D_0-D_i)/m
390050800	JD00	−2 166 389. 180	4 372 498. 184	4 093 422. 158	2 400. 349	−0. 003
390050801	JD00	−2 166 389. 183	4 372 498. 187	4 093 422. 153	2 400. 343	−0. 009
390050802	JD00	−2 166 389. 174	4 372 498. 183	4 093 422. 156	2 400. 347	−0. 005
390050803	JD00	−2 166 389. 180	4 372 498. 182	4 093 422. 153	2 400. 346	−0. 005
390050804	JD00	−2 166 389. 188	4 372 498. 185	4 093 422. 146	2 400. 340	−0. 012
390050805	JD00	−2 166 389. 170	4 372 498. 165	4 093 422. 149	2 400. 354	0. 002
390050806	JD00	−2 166 389. 175	4 372 498. 173	4 093 422. 154	2 400. 352	0. 001
390050807	JD00	−2 166 389. 175	4 372 498. 176	4 093 422. 152	2 400. 349	−0. 002
390050808	JD00	−2 166 389. 176	4 372 498. 181	4 093 422. 153	2 400. 346	−0. 006
390050809	JD00	−2 166 389. 179	4 372 498. 172	4 093 422. 147	2 400. 349	−0. 003
390050810	JD00	−2 166 389. 180	4 372 498. 180	4 093 422. 152	2 400. 347	−0. 005
390050811	JD00	−2 166 389. 180	4 372 498. 180	4 093 422. 150	2 400. 346	−0. 006
390050812	JD00	−2 166 389. 174	4 372 498. 176	4 093 422. 151	2 400. 348	−0. 003
390050813	JD00	−2 166 389. 175	4 372 498. 172	4 093 422. 147	2 400. 349	−0. 003
390050814	JD00	−2 166 389. 180	4 372 498. 173	4 093 422. 139	2 400. 343	−0. 009
390050815	JD00	−2 166 389. 176	4 372 498. 177	4 093 422. 147	2 400. 345	−0. 007
390050816	JD00	−2 166 389. 176	4 372 498. 188	4 093 422. 160	2 400. 346	−0. 006
390050817	JD00	−2 166 389. 173	4 372 498. 189	4 093 422. 163	2 400. 347	−0. 005
390050818	JD00	−2 166 389. 168	4 372 498. 187	4 093 422. 163	2 400. 347	−0. 004
390050819	JD00	−2 166 389. 175	4 372 498. 179	4 093 422. 156	2 400. 350	−0. 002
390050820	JD00	−2 166 389. 177	4 372 498. 176	4 093 422. 149	2 400. 347	−0. 005
…	…	…	…	…	…	…
390050301	JD00	−2 166 422. 235	4 372 343. 368	4 093 569. 068	2 616. 318	0. 004

表 A.1（续）

检测编号______________ 日期______________ 观测______________ 计算________________

流动站接收机：型号__________编号__________ 天线型号__________ 天线编号____________

参考站接收机：型号__________编号__________ 天线型号__________ 天线编号____________

流动站编号	参考站编号	X_i/m	Y_i/m	Z_i/m	D_i/m	(D_0-D_i)/m
390050302	JD00	−2 166 422.235	4 372 343.367	4 093 569.071	2 616.321	0.007
390050303	JD00	−2 166 422.231	4 372 343.363	4 093 569.072	2 616.324	0.010
390050304	JD00	−2 166 422.235	4 372 343.367	4 093 569.071	2 616.321	0.007
390050305	JD00	−2 166 422.232	4 372 343.364	4 093 569.072	2 616.324	0.010
390050306	JD00	−2 166 422.232	4 372 343.362	4 093 569.067	2 616.322	0.008
390050307	JD00	−2 166 422.239	4 372 343.365	4 093 569.067	2 616.320	0.006
390050308	JD00	−2 166 422.240	4 372 343.363	4 093 569.066	2 616.321	0.007
390050309	JD00	−2 166 422.240	4 372 343.376	4 093 569.074	2 616.318	0.004
390050310	JD00	−2 166 422.238	4 372 343.380	4 093 569.077	2 616.316	0.002
390050311	JD00	−2 166 422.237	4 372 343.372	4 093 569.073	2 616.320	0.006
390050312	JD00	−2 166 422.235	4 372 343.364	4 093 569.070	2 616.323	0.009
390050313	JD00	−2 166 422.236	4 372 343.367	4 093 569.075	2 616.324	0.010
390050314	JD00	−2 166 448.009	4 372 223.044	4 093 683.472	2 784.337	−0.009
390050315	JD00	−2 166 448.009	4 372 223.040	4 093 683.469	2 784.339	−0.007
390050316	JD00	−2 166 448.010	4 372 223.031	4 093 683.466	2 784.343	−0.003
390050317	JD00	−2 166 448.010	4 372 223.043	4 093 683.475	2 784.340	−0.006
390050318	JD00	−2 166 448.009	4 372 223.044	4 093 683.472	2 784.337	−0.009
390050319	JD00	−2 166 448.009	4 372 223.036	4 093 683.475	2 784.345	−0.001
390050320	JD00	−2 166 422.231	4 372 343.371	4 093 569.077	2 616.321	0.007
X_0=−2 166 021.561 mm　Y_0=4 374 218.697 mm　Z_0=4 091 789.258 mm						
RTK 测量精度：m_s=9.48 mm　RTK 测量重复性：m_r=5.10 mm						

附录 B

检定证书和检定结果通知书的内页格式

B.1 检定证书内页格式

检定结果

序号	主要检定项目	检定结果
1	外观	
2	接收机及附件	
3	RTK 测量精度	
4	RTK 测量重复性	
5	RTK 初始化时间	
6	RTK 初始化最大距离	

B.2 检定结果通知书内页格式

检定结果

序号	主要检定项目	检定结果
1	外观	
2	接收机及附件	
3	RTK 测量精度	
4	RTK 测量重复性	
5	RTK 初始化时间	
6	RTK 初始化最大距离	

不合格项目：

附件；

RTK 测量精度。

责任编辑　余易举

中华人民共和国测绘地理信息计量检定规程

全球导航卫星系统(GNSS)

测量型接收机 RTK

JJG(测绘) 2301—2013

*

国家测绘地理信息局发布

测绘出版社 出版发行

地址：北京市西城区三里河路50号　邮编：100045

电话：(010)83543956　68531609　68531363　网址：www.chinasmp.com

三河市世纪兴源印刷有限公司印刷

新华书店经销

成品尺寸：210mm×297mm　印张：1　字数：18千字

2013年11月第1版　2013年11月第1次印刷

印数：0001—2000册

本书如有印装质量问题，请与我社门市部联系调换。

定价：15.00元